LA GASTROSTOMIE ET SES RÉSULTATS

RÉSULTATS ET STATISTIQUES

Par M. Ch. GUÉRIN

EX-INTERNE LAURÉAT DES HÔPITAUX DE MONTPELLIER

LA GASTROSTOMIE ET SES RÉSULTATS

RÉSULTATS ET STATISTIQUES

Par M. Ch. GUÉRIN

EX-INTERNE LAURÉAT DES HÔPITAUX DE MONTPELLIER

RÉSULTATS ET STATISTIQUES

Les résultats de la gastrostomie sont de deux ordres : ceux que l'on peut constater aussitôt après l'opération, — ce sont *les résultats immédiats*, — et ceux qui ne sont reconnaissables qu'après un temps plus ou moins long et que nous appellerons *résultats à distance*.

Résultats immédiats. — Parmi les premiers, le plus évident, c'est la facilité avec laquelle le malade, incapable tout à l'heure de se nourrir, *peut maintenant s'alimenter*. Il suffit d'introduire dans la fistule une sonde molle, d'adapter à son pavillon un petit entonnoir et de verser alors les liquides alimentaires. Rien de plus simple, et l'opéré apprend bien vite à le faire lui-même.

Grâce à cette possibilité immédiate d'alimentation, *disparaît* aussitôt *la sensation horrible de faim ou de soif* qui constitue pour le malade l'effet le plus pénible de la sténose œsophagienne. Ce résultat seul suffirait à justifier et à légitimer la gastrostomie dans les cas de rétrécissement imperméable.

A côté de ces résultats heureux immédiats de l'opération, nous devons aussi placer les dangers auxquels elle expose dès sa consommation, et les complications qu'elle peut amener. De tous et de toutes, la péritonite est la plus grave ; mais les complications septiques, jadis si fréquentes et si meurtrières dans cette opération, ont aujourd'hui peu à peu disparu ou peu s'en faut, grâce à la méthode antiseptique, constamment suivie dans toute intervention chirurgicale.

On verra tout à l'heure par les statistiques que les morts dans les 10 premiers jours sont devenues aujourd'hui relativement assez rares, et l'on jugera par là des progrès réalisés dans ce sens.

Résultats à distance. — Le résultat de cet ordre le plus facilement constaté, c'est *l'augmentation progressive du poids du corps.*

Bien souvent le malade, qui, par insuffisance ou manque de nutrition, s'était amaigri au point de descendre parfois à un poids invraisemblable, reprend après l'opération peu à peu son état primitif.

Ce fait est tellement marqué que, même dans le cancer, à la période cachectique (où, malgré une nutrition normale, un malade s'émacie toujours), on voit, aussitôt après la gastrostomie, une augmentation de poids, il est vrai, passagère, ou bien, dans les cas les moins favorables, une rémission dans l'amaigrissement.

Cette augmentation du poids du corps doit être considérée par nous comme une preuve, un signe palpable de *l'amélioration de l'état général* tout entier. Le manque d'alimentation ayant cessé, la nutrition étant à peu près normale, le sujet *reprend des forces* et peut même parfois se livrer à des occupations assez pénibles (Auffret, Fontan etc.) ou dans tous les cas vivre de la vie ordinaire. Cette amélioration de l'état général se traduit chez le cancéreux par une lutte, une défense plus vive de l'organisme contre la cachexie envahissante et, par conséquent, retarde de ce fait même *l'eventus finalis*.

A un point de vue plus local, les bienfaits de la gastrostomie ne sont pas moins estimables.

Les aliments n'irritant plus par leur passage, leur séjour, leurs fermentations, les points rétrécis de l'œsophage, il se produit de ce côté une *sédation*, une accalmie capable des plus heureux effets. Le spasme œsophagien cède quelque peu ; le *cathétérisme*, dans les cas de rétrécissement non cancéreux, devient *plus facile* et certains rétrécissements infranchissables sont alors parfois facilement traversés par des bougies ; d'où une dilatation possible et même l'espoir d'une guérison complète. Dans le rétrécissement cancéreux, les phénomènes de sédation sont quelquefois si marqués que, le spasme cessant tout à coup, l'œsophage redevient perméable et l'alimentation peut s'effectuer par la voie normale. Enfin, dans le même ordre d'idées, un fait, signalé particulièrement par Poncet, par Nové-Josserand, est à noter précieusement : c'est que la gastropexie seule peut, par action réflexe, amener dans certains cas cette disparition complète de l'œsophagisme.

La fistule gastrique nous permet aussi un mode de traitement entrevu par Egeberg et d'abord laissé de côté : je veux parler du *cathétérisme rétrograde*. De nos jours, cette intervention devient de plus en plus fréquente et donne d'excellents résultats.

Enfin, par la fistule aussi, Loreta a pratiqué la divulsion des rétrécissements du cardia ou du pylore, et non sans quelque succès.

Tous ces avantages de la gastrostomie concourent à donner aux opérés une survie plus ou moins longue, variable suivant les cas, suivant aussi de nombreuses

circonstances, mais qui généralement est assez apprécia-
ble pour qu'on la considère, même dans le cancer, comme
un bienfait indubitable.

Statistiques. — Les statistiques qui ont été faites sur
la gastrostomie à diverses époques, ont donné des résultats très dissemblables ; nous allons les passer successi-
vement en revue et nous donnerons ensuite les résultats
de nos recherches personnelles.

LEFORT, en 1883, publie dans la *Gazette des Hôpitaux*
le relevé d'une statistique personnelle. Sur un total de
105 gastrostomies, il relève 78 décès et 27 survies, ce qui
fait 74,2 0/0 de décès et 25,8 0/0 de succès.

L'année suivante (1884), S.-W. GROSS, de Philadelphie,
donne, comme résultat de ses recherches portant unique-
ment sur des cancéreux, les chiffres suivants : Sur 137
cas, 95 morts = 69,3 0/0 et 42 succès = 30,7 0/0.
VITRINGA, la même année, donne une statistique analogue.
En 1885, un important travail de ZÉSAS porte sur 162 cas
de gastrostomie, parmi lesquels 133 morts = 82 0/0, et 29
guérisons = 18 0/0. Mais il compte aux décès 20 malades
qui ont survécu de 1 à 18 mois. Si, au contraire, ces cas-là
sont comptés comme survies, sa statistique ne donne plus
en réalité que 69,7 0/0 de décès. Encore faut-il considérer
que, sur ces 162 malades, un certain nombre ont été opérés
avant la période antiseptique et ne doivent pas figurer à
bon compte. C'est donc sur 103 cas postérieurs à 1876
que nous devons baser nos recherches ; or, voici ce que
nous trouvons :

49 morts dans le cours des 10 premiers jours ⎞
18 —   —   du 10ᵉ au 30ᵉ jour. . . ⎬ 67

6 cas de survie de 1 à 2 mois . . . . $\left.\begin{array}{l} \\ \\ \\ \\ \end{array}\right\}$ 36

6   —   —   2 à 4   — . . . .

5   —   —   4 à 6   — . . . .

2   —   —   plus de 6 mois . . . . . .

17 guérisons.

Ce qui donne au pourcentage 67 0/0 de décès dans le premier mois (dont 47,57 dans les 10 premiers jours), contre 35 0/0 de survies de plus de 30 jours.

La statistique de COHEN porte exclusivement sur des rétrécissements non cancéreux (1885). Nous y trouvons 53 cas qui donnent 29 décès et 24 guérisons, c'est-à-dire 45,28 0/0 de guérisons ; mais quelques cas ont été opérés sans les secours de l'antisepsie et troublent cette statistique ; si nous les éliminons, nous obtenons sur 41 gastrostomies 20 décès et 21 guérisons, ce qui fait 54,54 0/0 de guérisons, et 45,46 0/0 de décès.

KNIE, en 1886, sur un total de 169 cas, trouve 113 décès qui donnent 66,6 0/0, et 56 succès, c'est-à-dire 33,3 0/0.

HEYDENREICH, en 1887, donne aussi 33 nouveaux cas non compris dans la statistique de Zésas, et compte 19 décès = 57 0/0 et 14 succès = 43 0/0.

Enfin, Karl JOHANSEN (1888) rassemble 219 cas de gastrostomie chez des cancéreux. Sur ces 219 opérations, 192 seulement comptent dans l'ère antiseptique ; mais deux d'entre elles étant restées sans résultat connu, c'est donc en réalité sur 190 cas que porte sa statistique :

Mort dans les 10 premiers jours . . . 83 ⎱
— à une époque non indiquée. . . 5 ⎰ 89 ⎱
— à bref délai (bald). . . . . . . 1 ⎰   ⎱ 125
Mort de 10 à 30 jours. . . . . 35 ⎱ 36 ⎰
— après quelques semaines. . . . 1 ⎰   ⎱ 190
Mort de 1 à 2 mois . . . . 9 ⎱
— de 2 à 4 mois . . . . 14 ⎱ 47
— de 4 à 6 mois . . . . 8 ⎰
— après plus de 6 mois . . . . . . 16 ⎰   ⎱ 65
Guéris. constat. après plus de 4 sem. 1 ⎱
—   —   5 sem. 1 ⎱
—   —   1 à 2 mois. . 3 ⎱ 18
—   —   2 à 4 — . . 5 ⎰
—   —   4 à 6 — . . 4 ⎰
—   —   6 à 10 — . . 4 ⎰

En somme, sur 190 cas, on compte 125 décès dans moins de un mois ; donc 65,79 0/0, et 65 survies de plus de 30 jours, soit 34,21 0/0. Les décès dans moins de 10 jours arrivent à 89, soit 47 0/0.

Mais il est à remarquer que cette statistique, si elle paraît moins brillante que les précédentes, ne porte aussi que sur des malades atteints de rétrécissements cancéreux.

Une simple comparaison montrera combien sont différents les résultats chez les cancéreux et les non cancéreux.

Zésas, dont la statistique comprend à la fois les rétrécissements des deux catégories, donne 31 rétrécissements non cancéreux avec 64, 5 0/0 de mortalité, tandis que sur 129 rétrécissements cancéreux elle s'élève à 86 0/0.

Heydenreich, de même, sur 10 rétrécissements non cancéreux donne une mortalité de 30 0/0 et de 69,5 0/0 au contraire chez 23 cancéreux. On sait, d'ailleurs, que les statistiques un peu lourdes de Gross (69,3 0/0 de morts) et de JOHANSEN (65,79 0/0) ne comprennent exclusivement que des rétrécissements cancéreux.

Quant à nous, nous avons réuni le plus grand nombre d'observations qu'il nous a été possible en ne recueillant que celles qui sont postérieures au travail de JOHANSEN ou quelques-unes, rares d'ailleurs, qui ont échappé à ses recherches et n'ont pas paru dans les statistiques antérieures.

Nous avons ainsi colligé *128 observations* dont 7 incomplètes puisque leurs résultats nous sont restés inconnus; les 121 autres ont servi de base à nos recherches, et, dans le tableau ci-dessous, nous en avons opéré le classement d'après les survies qui les suivirent et la nature du rétrécissement.

Tableau des Survies après la Gastrostomie

NATURE DU RÉTRÉCISSEMENT	Nombre de Cas	De 1 à 10 jours	De 10 à 20 jours	De 20 à 30 jours	De 1 à 2 mois	De 2 à 6 mois	De 6 mois à 1 an	Plus d'un an	GUÉRISONS
Cancéreux	74	10	10	6	15	17	10	6	»
Nature Inconnue.	26	5	7	3	3	7	»	1	»
Non cancéreux. .	3	»	»	»	»	2	»	1	»
Cicatriciels. . . .	18	1	1	»	»	2	2	1	11
TOTAUX.	121	16	18	9	18	18	12	9	11

Ainsi donc, d'après ces chiffres, il est facile de voir que :

74 gastrostomies pour *rétrécissement cancéreux* ont donné :

> 10 décès dans les 10 premiers jours, soit : 14,86 0/0.
> 26 décès dans le 1er mois, soit : 35,14 0/0.
> 48 survies de plus d'un mois, soit : 64,86 0/0.

26 opérations pour rétrécissement de *nature inconnue* ont donné :

> 5 décès dans les 10 premiers jours, soit : 19,22 0/0.
> 15 décès dans le 1er mois, soit : 57,69 0/0.
> 11 survies de plus de 30 jours, soit : 42,31 0/0.

21 cas de rétrécissement *non cancéreux* ont donné :

> 1 décès dans les 10 premiers jours, soit : 4,76 0/0.
> 2 décès dans le 1er mois, soit : 9,53 0/0.
> 19 survies de plus d'un mois, soit : 90,47 0/0.

Parmi ces derniers cas, il faut compter 11 guérisons définitives.

Enfin si nous réunissons en un seul bloc nos 121 gastrostomies nous voyons qu'elles ont été suivies de :

> 16 décès durant les 10 premiers jours, soit : 13,22 0/0.
> 43 décès durant le 1er mois, soit : 35,51 0/0.
> 78 survies de plus de 30 jours, soit : 64,46 0/0.

On voit par ce qui précède et les chiffres déjà donnés à propos des statistiques antérieures, que nos résultats accusent des survies sensiblement supérieures à celles que mentionnent les auteurs qui nous ont précédé dans ces études. Il est d'ailleurs facile de comparer, catégorie par catégorie, la mortalité :

AUTEUR	Rétréciss' cancéreux	MORTALITÉ	Rétréciss' non cancéreux	MORTALITÉ
Zésas	129	86 %	31	64.5 %
Cohen	»	»	53	54,72
Heydenreich . .	23	69,5	10	30
Gross	»	69,3	»	»
Johansen	»	65,79	»	»
Guérin	26	35,14	21	9,53

Dans ce tableau, il apparaît nettement que notre statistique est la moins chargée, et c'est à l'antisepsie plus soignée aujourd'hui que nous semble due cette amélioration du pronostic opératoire. Le fait nous semble démontré par le tableau suivant :

AUTEUR	Mortalité des 10 premiers jours	des 30 prem. jours	Survies de plus d'un mois
Zésas	47,5 %	65 %	35 %
Johansen	43,68	65,79	34,21
Guérin	13,22	35,51	64,46

Enfin dans un dernier tableau, pour rendre toutes les statistiques comparables, nous ne tenons compte que de la mortalité du premier mois et des survies de plus de 30 jours :

DATES	AUTEUR	Nombre de cas	Mortalité du 1er mois	Survies de plus de 30 jours
1883	Le Fort.	105	74,2 %	25,8 %
1884	S.-W. Gross. . . .	137	69,3	30,7
1885	Zesas	162	69,7	30,3
	Corrigée . .	103	65	35
1885	Cohen	53	54,72	45,28
	Corrigée	44	45,45	54,54
1886	Knie	169	66,6	33,3
1887	Heydenreich	33	57	43
1888	Johansen	190	65,79	34,21
1896	Guérin	121	35,54	64,46

On voit nettement une augmentation assez marquée du nombre des survies à mesure qu'on approche de nous et une notable diminution parallèle des décès dans le premier mois. Ces faits, vivement accusés par nos chiffres personnels, semblent bien indiquer que les progrès de l'antisepsie et les perfectionnements apportés à la technique de la gastrostomie rendent cette opération de plus en plus efficace et de moins en moins mortelle.

Montpellier. — Imprimerie G. Firmin, Montane et Sicardi

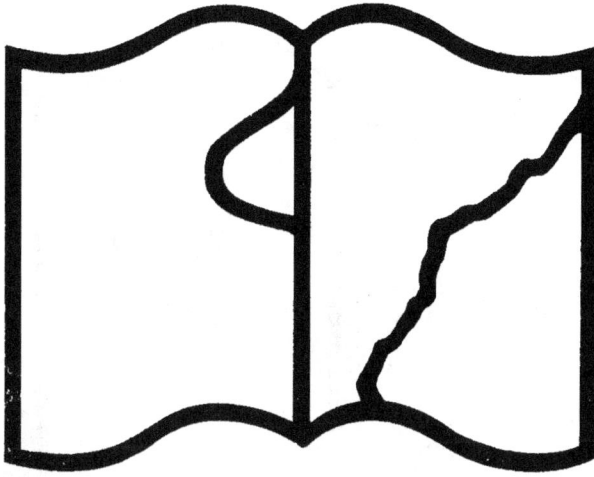

Texte détérioré — reliure défectueuse

NF Z 43-120 11

Contraste insuffisant

NF Z 43-120-14

www.ingramcontent.com/pod-product-compliance
Lightning Source LLC
Chambersburg PA
CBHW050407210326
41520CB00020B/6495